LETTRE

SUR LE

TRAITEMENT DES ANÉVRYSMES

ET DES VARICES

AU MOYEN DES INJECTIONS DE PERCHLORURE DE FER,

ADRESSÉE A M. LE DOCTEUR DEBOUT,

RÉDACTEUR EN CHEF DU BULLETIN DE THÉRAPEUTIQUE.

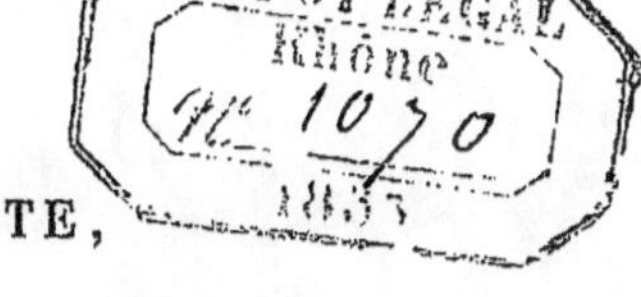

PAR

M. VALETTE,

CHIRURGIEN EN CHEF (DÉSIGNÉ) DE LA CHARITÉ DE LYON.

LYON.

IMPRIMERIE D'AIMÉ VINGTRINIER,

QUAI SAINT-ANTOINE, 36.

1853.

LETTRE

SUR LE

TRAITEMENT DES ANÉVRYSMES

ET DES VARICES

AU MOYEN DES INJECTIONS DE PERCHLORURE DE FER.

—————

Monsieur et très-honoré confrère,

J'ai eu l'honneur d'adresser, il y a quelque temps, à la Société de chirurgie de Paris une lettre que vous connaissez sans doute et par laquelle j'annonçais que je venais de pratiquer l'opération de Pravaz pour le traitement des anévrysmes. Cette lettre avait un autre but, c'était de prendre date et de m'assurer la priorité pour le traitement des varices à l'aide des injections par le perchlorure de fer. J'ajoutais enfin que quelques essais auxquels je m'étais livré me portaient à penser que le perchlorure de fer exerçait sur les plaies une action particulière, modifiait la suppuration et me semblait destiné à mettre les opérés à l'abri de la résorption purulente.

La première opération de varices a été pratiquée publiquement dans mon service; M. Pétrequin l'avoue dans le mémoire qu'il a publié dans la *Gazette Médicale de Paris* sur les propriétés hémostatiques du perchlorure de fer et de manganèse. Seulement, comme il passe très-légèrement sur la question de priorité et que, d'un autre côté, il a re-produit en se l'appropriant ce que j'avais annoncé au sujet de l'action du perchlorure de fer sur la marche de la cica-trisation, je suis bien aise de revendiquer en passant ce qui m'appartient. Si vous voulez bien remarquer avec quel empressement mon opération pour la cure radicale des varices, a été répétée à l'Hôtel-Dieu de Lyon, vous verrez que la précaution que j'ai prise n'était pas inutile. Mais si j'ai cru devoir me hâter de prendre date, j'ai pensé que je ne devais pas me hâter de publier mes observations. La précipitation en pareille matière a ses inconvénients, je désirais avoir des faits assez nombreux, je voulais suivre mes opérés un certain temps, je désirais en un mot mul-tiplier mes expériences, me former une opinion sur la question des récidives, afin d'être en mesure de donner à mon travail une certaine valeur. Aujourd'hui que la ques-tion a été mise à l'ordre du jour par un des professeurs les plus distingués de la Faculté de Paris, je crois qu'il est de mon devoir de publier mes observations quelque peu nombreuses qu'elles soient. La méthode Pravaz n'a pas donné jusqu'ici des résultats très-satisfaisants et il n'a pas été difficile, à un critique aussi habile que M. Mal-gaigne, de jeter de la défaveur sur une découverte que je persiste à regarder comme ayant un immense avenir. C'est une simple lettre que je vous écris, je ne veux donc pas entrer dans une discussion approfondie ; mais cependant je ne puis pas ne pas manifester mon étonnement de voir un homme aussi partisan du progrès que M. Malgai-gne, fulminer l'anathème contre une méthode dont les règles d'application n'ont pas été formulées. M. Malgaigne s'appuie, il est vrai, sur un certain nombre d'observations, mais leur lecture attentive laissera à tout esprit impartial cette conviction, que le plus souvent ce n'est pas à la mé-thode, mais à la mauvaise application de la méthode qu'il faut attribuer la plupart des insuccès que l'on a eu à déplorer. Dans un cas, le malade affecté d'un anévrysme du tronc brachio-céphalique n'avait évidemment, dit l'observation, que deux ou trois jours à vivre, on se sert d'une seringue d'Anel ; on pousse dans la tumeur sept grammes de perchlorure de fer, (de quel perchlorure de fer est-il question?) le malade succombe, et on regarderait cette observation comme probante. A Dieu ne plaise que je veuille déverser le moindre blâme sur les chirurgiens qui ont tenté ces expériences. Si j'ai été plus heureux cela tient uniquement à ce que j'ai été guidé, à ce que j'ai eu un liquide bien préparé et présentant un degré de concentration convenable, à ce que j'ai eu sur la puissance de coagulation du perchlorure de fer des renseignements plus précis, à ce que j'ai pu, éclairé par des observations publiées, éviter certains écueils. Ainsi par exemple cette observation malheureuse qui a eu un si douloureux retentissement et dans laquelle il y a eu gangrène du bras, ayant nécessité l'amputation, prouve-t-elle que la méthode de Pravaz, bien appliquée, expose à un pareil danger ; pas le moins du monde. Elle nous montre seulement qu'il faut interrompre pendant quelque temps la circulation dans l'anévrysme, afin de donner au sang le temps de se coaguler, parce que sans cette précaution le perchlorure de fer est entraîné dans les petites artères qui se trouvent bientôt oblitérées. Encore une fois, je ne suis pas en mesure de discuter les faits publiés jusqu'ici, et n'ai d'autre but que de vous communiquer des observations consciencieusement prises et présentant un caractère d'authenticité propre à satisfaire les plus exigeants.

Je n'ai eu qu'une seule fois l'occasion d'appliquer la méthode Pravaz au traitement des anévrysmes. Voici l'histoire de cette opération.

*Anévrysme du pli du coude. — Injection de perchlorure de fer. —
Guérison complète sans accident.*

Hugonnet, Louis-Étienne, ouvrier en soie, âgé de 3o ans, demeu-
rant côte Saint-Sébastien, n° 17, entre à l'Hôtel-Dieu de Lyon, le 14
juillet 1853 et est couché dans mon service, salle Saint-Louis, n° 35.

Ce malade est affecté d'une hypertrophie du cœur. Sa constitution
est assez chétive. Au commencement de juin, M. le docteur X... pratique une saignée de bras. Je n'ai sur ce qui s'est passé au moment
de cette petite opération que les renseignements fournis par Hugonnet;
il me raconte que la piqûre lui a causé une violente douleur qui s'est
propagée jusqu'à la main dont deux ou trois doigts ont été en partie
paralysés. Quelques jours après il remarque l'existence d'une tumeur
au pli du bras. Au commencement de juillet je fus consulté dans mon
cabinet. Je reconnais un anévrysme et lui déclare que pour guérir il a
besoin d'une opération. Effrayé de ma proposition, Hugonnet va consulter M. Pétrequin qui lui tient le même langage. Le 10 juillet je re-
çois du malade une seconde visite; il me demande à entrer à l'Hôtel-
Dieu dans mon service ; il présentait alors l'état suivant :

Une tumeur du volume d'une noix existe au pli du coude du côté
droit ; elle est le siège de battements très-forts, isochrones à ceux du
pouls et qui deviennent plus énergiques lorsque l'on comprime l'artère
radiale. La compression de l'artère cubitale ne me paraît pas exercer
d'influence sur la tumeur, la compression de l'artère brachiale fait
cesser complètement les battements de la tumeur qui revient un peu
sur elle-même. A l'auscultation on perçoit un bruit de soufflet des
plus intenses. La peau est saine, une cicatrice récente indique qu'une
saignée a été faite peu de temps auparavant. L'avant-bras est légère-
ment fléchi sur le bras. Les doigts sont encore engourdis, mais cet en-
gourdissement tend de jour en jour à disparaître. Je me décide à appliquer la méthode Pravaz, et j'exécute l'opération le 21 juillet, en présence de MM. Pétrequin, Barrier, Bouchacourt, Desgranges, et d'un
très-grand nombre d'autres confrères dont il est inutile de citer les
noms. M. Burin du Buisson a eu l'obligeance de m'apporter du perchlorure de fer à 3o° et de me donner de précieux renseignements sur
l'énergie d'action de ce perchlorure. La capacité de l'anévrysme est
évaluée approximativement à un centilitre ; nous décidons que je

pousserai quinze gouttes de perchlorure, ce qui ne fait en réalité que treize gouttes, car deux gouttes sont absorbées par la canule de la seringue : je n'ai pas besoin d'ajouter que je me suis servi de la seringue Charrière. La capacité de celle que j'ai entre les mains est de vingt-cinq gouttes. Le corps de pompe est en verre, comme vous le savez, ce qui nous a permis de constater que le liquide n'a pas passé au-dessus du piston.

Je fais appliquer un tourniquet sur l'artère brachiale, afin d'avoir une compression exacte et surtout permanente. Pour plus de sûreté M. Chadzynski, interne de service, comprime avec les doigts au-dessus du tourniquet. M. Pétrequin a l'obligeance de se charger de la compression des artères de l'avant-bras.

Ces dispositions prises, j'enfonce le trocart capillaire au centre de la tumeur. Quand je retire le stylet un jet filiforme de sang artériel s'échappe de la canule ; la seringue est rapidement vissée sur elle, et quinze gouttes de perchlorure sont, je le répète, injectées. Le malade accuse une douleur assez vive.

Après une minute d'attente, je retire avec précaution la canule. La compression au-dessous de la tumeur est maintenue dix minutes. Quant à la compression de l'artère brachiale, elle est soutenue par M. Chadzynski 20 minutes, et le tourniquet n'est enlevé que une heure après l'opération.

Pendant la journée il existe un peu de douleur qui se propage le long de l'avant-bras jusqu'à la main. Les extrémités des doigts sont froides. Les battements de l'artère radiale ont complètement disparu. Ils existent toujours dans l'artère cubitale. Plus bas vous aurez l'explication de ce fait qui m'a un instant inquiété.

22 juillet. J'explore la tumeur que j'ai évité de toucher jusque-là. Elle est dure, la coagulation du sang me paraît complète ; on ne perçoit aucun battement, excepté à la partie interne de la tumeur.

Je me rends compte de ce phénomène en admettant une bifurcation élevée de la brachiale. La radiale serait le siège de l'anévrysme, qui se trouverait cotoyé par l'artère cubitale. M. Barrier partage cette manière de voir, nous avons eu depuis la démonstration mathématique de ce qui n'était jusqu'ici qu'une présomption. Les douleurs diminuent. La température de la main s'est élevée. L'état général ne présente rien d'extraordinaire.

23. — Rien à noter.

24. — Le malade se lève et descend dans les cours de l'Hôpital.

Il mange le quart de portion. La tumeur présente les mêmes caractères.

25 et 26. — Rien de particulier.

29. — La tumeur qui est toujours dure, qui ne présente aucun battement, commence à diminuer de volume.

31. — La tumeur a diminué de moitié, elle n'offre plus que le volume d'une amande. Il nous est possible de glisser l'extrémité du doigt entre la tumeur et le vaisseau dont les battements se faisaient sentir à la partie interne; nous acquérons la certitude que ce vaisseau est bien l'artère cubitale. Les mouvements du bras s'exécutent bien.

5 août. — La tumeur n'a plus que le volume d'un gros haricot. Hugonnet me demande sa sortie, mais je le décide à rester encore en observation.

12. — Il insiste de nouveau. Je lui accorde son *exeat*. Je fais constater son état par MM. Barrier, Desgranges et Pétrequin. La tumeur a le volume d'un noyau de cerise, elle est dure, roule sous le doigt. L'artère radiale ne présente pas de battements. Toutefois, ils semblent vouloir reparaître vers le poignet, mais ils sont tellement obscurs que quelques personnes ne les perçoivent pas. Il est évident, dans tous les cas, que le rétablissement de la circulation se fait par les collatérales. Hugonnet est revenu deux fois à quinze jours d'intervalle pour se faire examiner; je constate et fais constater la solidité de la guérison. La tumeur n'a plus que le volume d'un petit pois. Hugonnet a repris ses travaux qui exigent, comme on sait, des mouvements continuels du bras droit. J'ai revu ce malade dans le courant d'octobre. Il est venu me consulter pour ses battements de cœur. La guérison de l'anévrysme du pli du coude s'est complètement maintenue.

Vous apprécierez, Monsieur et très-honoré confrère, la valeur de cette observation. Dans une lettre aussi rapidement écrite que celle-ci, je ne puis faire ressortir toutes les conséquences que vous en tirerez peut-être. Permettez-moi seulement de rappeler en quelques mots les précautions que j'ai cru devoir prendre. Je n'ai pas la prétention de poser les règles à suivre, mais si quelque chirurgien veut pratiquer l'opération de Pravaz, il sera peut-être bien aise d'avoir des renseignements précis sur ce qui a été fait dans le seul cas de guérison obtenu jusqu'ici.

1° J'ai employé du perchlorure de fer à 30°, préparé par M. Burin du Buisson. Dans un travail publié dans la *Gazette Médicale de Lyon*, cet habile chimiste expose des raisons qui motivent le choix du liquide à ce degré de concentration ; je ne pourrais que copier son mémoire, ce qui est inutile. Je dirai seulement, et ceci M. Burin le démontre, que toute opération pratiquée avec du perchlorure de fer plus concentré et par conséquent plus ou moins caustique, ne doit pas entrer en ligne de compte pour faire juger, d'une manière définitive, la valeur de la méthode Pravaz.

2° J'ai injecté treize gouttes seulement pour un centilitre environ de sang : n'oublions pas qu'il s'agit ici de gouttes expulsées par une canule très-petite. Mais du reste en disant que la seringue Charrière contient vingt-cinq gouttes, on peut apprécier d'une manière rigoureuse la quantité de liquide injecté. Est-il besoin de faire remarquer que la quantité trop considérable de perchlorure aurait un effet fâcheux. Dans les observations qui suivent et qui sont relatives à des varices, vous verrez à quels inconvénients on est exposé, mais je dois signaler l'écueil à éviter. Le caillot qui se forme n'a pas immédiatement le volume qu'il doit avoir. Je m'explique : si l'on injecte dix gouttes, je suppose, de perchlorure dans un vaisseau, on a un caillot dont le volume est représenté par trois. Mais le lendemain le caillot a augmenté de volume et ce volume peut être représenté par quatre. A quoi cela tient-il ? Je l'ignore ; toujours est-il que si l'on injecte dans un anévrysme assez de perchlorure pour que le caillot distende le sac, le lendemain, la distension sera bien plus considérable, et si la quantité de liquide injecté est trop forte, cette distension pourra amener les résultats les plus déplorables, une inflammation suppurative par exemple. Il ne faut donc injecter ni trop ni trop peu. Mais qui est-ce qui guidera le chirurgien ? Eh mon Dieu ! l'expérience. M. Burin du Buisson qui s'est livré à un très-grand nombre de recherches à ce sujet, m'a conseillé dix à douze gouttes de perchlorure à 30°, ne l'oublions pas, pour obtenir la coagulation de un centilitre environ de sang. Si le volume de la tumeur fait présumer que la capacité est de deux centilitres, la quantité à injecter sera de vingt à vingt-cinq gouttes et ainsi de suite.

3° Il importe beaucoup de se servir d'un instrument bien fait, et la raison en est très-simple. Il faut que le liquide passe bien dans la tumeur, mais il faut encore que l'ouverture soit très-petite, car si du perchlorure s'échappe à travers la petite plaie, le tissu cellulaire sera cautérisé, il en résultera une inflammation suppurative qui pourra se propager jusque dans l'intérieur du sac. L'instrument construit par M. Charrière présente de très-bonnes conditions.

4° Enfin, il est de la dernière importance d'isoler l'anévrysme par la compression, car la coagulation du sang n'est pas instantanée. Si la circulation est libre dans l'anévrysme, une certaine quantité de perchlorure sera chassée dans les artères, et la coagulation du sang se fera non plus dans le sac, mais dans les vaisseaux. C'est à cette circonstance qu'il faut à mon avis attribuer la gangrène du bras qui a suivi une tentative d'opération.

Observations de varices traitées par les injections de perchlorure de fer.

J'avais l'intention, en commençant, de vous communiquer avec tous leurs détails, les faits que j'ai pu recueillir, mais outre que leur histoire complète m'entraînerait beaucoup trop loin et donnerait à ma lettre des proportions trop grandes, le temps me manque pour le faire. Aussi je me bornerai à vous donner le résumé de sept observations, sauf à vous envoyer des renseignements plus complets si vous le jugez convenable. C'est le 21 juillet que j'ai pratiqué l'opération d'anévrysme, c'est le même jour que j'ai fait la première application qui ait été faite de la méthode Pravaz au traitement des varices. J'ai opéré au lit du malade en présence de plusieurs médecins, de plusieurs internes de l'Hôtel-Dieu et de M. Burin du Buisson; personne n'était prévenu de ce que j'allais faire, mais je dois dire que cette opération fit un certain bruit dans notre hôpital. Le lendemain, M. Pétrequin s'empressa de répéter mon opération dans son service. Dans le mémoire qu'il a publié et dans lequel il revendique une part dans la méthode Pravaz, M. Pétrequin dit effectivement ce que je viens d'écrire, mais la chose est écrite dans un tout petit coin et présentée d'une manière assez habile. L'Hôtel-Dieu de Lyon, dit-il, si je me le rappelle bien, peut revendiquer l'honneur de l'application du perchlorure de fer et de manganèse au traitement des varices. M. Valette a opéré le premier; M. Pétrequin le second, M. Desgranges le troisième. Et d'abord, soit dit en passant, je n'ai jamais employé que le perchlorure de fer à 30°, et je vous préviens que je le crois bien supérieur au perchlorure de fer et de manganèse. Ensuite M. Pétrequin semble insinuer que j'ai pu obéir à une inspiration venant de lui. Or, il est de notoriété publique, à l'Hôtel-Dieu de Lyon, que j'ai le premier proposé et appliqué la méthode. La lettre que j'ai adressée le jour même à la Société de chirurgie en fait foi. Mon honorable confrère qui se plaint en termes si amers de l'oubli fait par Pravaz à son égard, comprendra parfaitement que j'insiste sur cette question de priorité qu'il ne me dispute pas, j'en conviens, mais sur laquelle il glisse si habilement dans son mémoire.

Ceci posé, voici mes observations :

PREMIÈRE OBSERVATION. — Louis Aguétant, âgé de 39 ans, entré le 20 juillet salle Saint Sacerdos, n° 2; affecté de varices considérables et d'un ulcère très-étendu de la jambe droite.

22 juillet. Une bande appliquée et serrée sur la cuisse permet aux

veines de se gonfler. Une première injection de vingt-cinq goutte.
de perchlorure est faite dans le confluent veineux principal au niveau
du creux poplité. Une seconde injection de vingt gouttes est pratiquée
à la partie postérieure et moyenne de la jambe dans un autre confluent
La coagulation du sang forme deux tumeurs du volume d'une très-petite noix.

23. Les douleurs sont assez vives. L'ulcère variqueux se modifie du
jour au lendemain de la façon la plus remarquable.

26. L'ulcère est presque entièrement cicatrisé, mais les deux tumeurs
s'abcèdent. L'inflammation est tout à fait circonscrite, les caillots sont
éliminés comme des corps étrangers. Les plaies se cicatrisent du reste
rapidement.

Le 20 août le malade sort complètement guéri.

DEUXIÈME OBSERVATION. — Jean Bérard, entré le 4 juillet, salle
Saint-Sacerdos, n° 12. Ce malade, âgé de 52 aus, a un ulcère variqueux à la jambe gauche de la largeur de la paume de la main; la
jambe et la partie inférieure de la cuisse sont sillonnées de varices volumineuses.

23 juillet. Les mêmes précautions sont prises, je fais également
deux injections. Dans un des confluents à la jambe je pousse vingt-
cinq gouttes ; dans le confluent principal à la cuisse je pousse vingt
gouttes. Les choses se passent exactement comme chez le malade pré-
cédent, c'est-à-dire que j'ai observé la cicatrisation très-rapide de
l'ulcère variqueux, la suppuration de la veine dans les deux points
injectés et l'élimination des caillots. Du reste, pas le moindre trouble
général. Guérison radicale des varices.

Je croyais bien faire en injectant beaucoup de perchlorure, mais chez ces deux malades il est arrivé ce que j'ai
signalé précédemment, c'est-à-dire que la veine a été
tellement distendue par le caillot qui, je le répète, aug-
mente de volume le premier jour, qu'il en est résulté de
la douleur et une inflammation éliminatrice. Quand le
caillot est trop considérable, relativement à la capacité de
la veine, il semble jouer le rôle de corps étranger, et
n'est pas résorbé. Depuis j'ai toujours pu éviter cette suppuration.

TROISIÈME OBSERVATION. — Simon Foillet , âgé de 64 ans, entre le 3 t juillet salle Saint-Sacerdos, n° 36; il a un ulcère variqueux et des varices considérables à la jambe droite. Je fais deux injections, l'une à la cuisse, l'autre à la jambe, mais je n'injecte que six gouttes dans le premier point et huit dans le second. Les douleurs sont nulles. Tout se passe avec simplicité. Le caillot qui a un volume bien moindre que chez les malades précédents, est résorbé peu à peu. Opéré le 12 août, le malade est sorti le 8 septembre complètement guéri de son ulcère et de ses varices. Les veines présentent dans les points qui avoisinent le lieu de l'injection, et dans une étendue de trois à quatre centimètres, un cordon dur, résistant qui ne se laisse en aucune façon pénétrer par le sang.

QUATRIÈME OBSERVATION. — Jean Tramonet âgé de 35 ans, couché au n° 22 de la salle Saint-Sacerdos, est entré à l'Hôtel-Dieu le 9 août 1853 pour se faire traiter d'une cystite et d'un rétrécissement du canal de l'urètre. Mais il a en même temps des varices très-développées et un ulcère variqueux à la jambe droite. L'état du malade est très grave, mais heureusement que son rétrécissement s'est laissé franchir assez facilement. Au bout de quelques jours je puis introduire des sondes d'un certain calibre. L'amélioration marche avec une très-grande rapidité. Je songe à le débarrasser de ses varices tout en lui continuant son traitement pour l'affection des voies urinaires. Je pratique chez lui trois injections de perchlorure, une à la cuisse, la seconde au niveau du creux poplité, la troisième à la partie moyenne de la jambe. La première injection est de cinq gouttes, la deuxième de quatre gouttes, la troisième est de cinq. Tout s'est passé avec la plus grande simplicité; pas de douleur, résorption progressive des caillots, guérison des varices et de l'ulcère vingt jours après l'opération.

CINQUIÈME OBSERVATION. — Lelache, Faure, maçon, âgé de 62 ans, entre le 9 octobre 1853, salle Saint-Sacerdos, n° 18. Varices moins considérables que chez les malades précédents et affectant la saphène interne. Ulcère variqueux.

Une seule injection de quatre gouttes est pratiquée. J'observe chez lui la même simplicité dans la marche des symptômes. La guérison est prochaine.

SIXIÈME ET SEPTIÈME OBSERVATION. — Enfin j'ai pratiqué, chez deux malades de ma pratique privée, des injections de perchlorure de fer;

chez un malade il s'agissait de varices assez volumineuses, mais bien disposées, la saphène interne seule était fortement dilatée et présentait en deux points deux ampoules assez considérables, mais les veines secondaires n'étaient pas malades. Deux injections : l'une de cinq gouttes, l'autre de six sont faites. Chez le second malade il s'agissait de varices peu considérables, mais un ulcère existe vers la malléole interne. Je fais à la partie moyenne de la jambe une injection de cinq gouttes. Chez ces deux malades la guérison a été rapide et je n'ai observé aucun accident pendant la durée du traitement.

Je n'ai pas besoin de vous faire remarquer, Monsieur et très-honoré confrère, que je ne vous donne pas ces observations comme probantes. Elles sont évidemment incomplètes, il faudrait suivre les malades pendant quelque temps, et voir ce que deviendront les guérisons, s'éclairer enfin sur la question importante de la récidive. Je ne vous ai donné du reste qu'un résumé de ces observations, plus de détails auraient donné à cette lettre déjà si longue des proportions trop considérables. Comme dans la discussion ouverte devant l'Académie et dans la presse, ce n'est pas seulement l'efficacité du perchlorure de fer, mais encore son innocuité qui sont en cause, j'ai pensé qu'il était de mon devoir de vous dire succinctement tout ce que j'avais fait en vous signalant seulement les circonstances qui sont de nature à éclairer et à rassurer les chirurgiens qui auraient envie d'expérimenter ce traitement.

Lyon, 12 novembre 1853.

FIN.